Ein Buch aus der Reihe

Management konkret

Peter Posluschny

Geschäftsprozesse richtig abbilden

Prozessmanagement konkret

UVK Verlagsgesellschaft mbH ·
Konstanz und München

Bibliografische Information der Deutschen Bibliothek
Die Deutsche Bibliothek verzeichnet diese Publikation in der Deutschen Nationalbibliografie; detaillierte bibliografische Daten sind im Internet über <http://dnb.ddb.de> abrufbar.

ISBN 978-3-86764-528-7

Einbandgestaltung: Susanne Fuellhaas, Konstanz
Einbandmotiv: istockphoto.com, Empato

UVK Verlagsgesellschaft mbH
Schützenstraße 24 · 78462 Konstanz
Tel. 07531-9053-0 · Fax 07531-9053-98
www.uvk.de

Vorwort

Viele Unternehmen sind nicht in der Lage, die Kundenerwartungen zu erfüllen. Die Gründe für das Versagen, den Kundenerwartungen gerecht zu werden, sind in der Regel auf Mängel in Systemen und Prozessen zurückzuführen. Nicht die Mitarbeiter müssen verändert werden, sondern die Prozesse.

Trotz der großen Bedeutung der Prozesse in den Unternehmen dachten Unternehmen – und viele tun dies noch heute – in der Kategorie der Funktion. An den Abteilungsgrenzen kam es zu Brüchen, die Kosten stiegen, Zeit wurde vergeudet und die Qualität sank.

In den letzten beiden Jahrzehnten wurde die Prozessorientierung zunehmend als Maxime der Unternehmensmodellierung anerkannt. In der unternehmerischen Praxis ist eine in den letzten Jahren verstärkte Ausrichtung des unternehmerischen Handelns auf die Geschäftsprozesse zu konstatieren.

Im Wettbewerb um die Gunst der Kunden ist die Qualität der Leistungserbringung der entscheidende Faktor, wobei Qualität die Erfüllung der Kundenanforderungen beinhaltet. Da Kundenanforderungen nicht unabhängig von den dazugehörigen Prozessen erfüllt werden können, ist zur erfolgreichen Positionierung auf dem Markt eine prozessorientierte Sichtweise der betrieblichen Leistungserbringung erforderlich.

Allgemeines Ziel einer Prozessorientierung ist die Ausrichtung der Prozesse an die Kundenanforderungen, so dass die Kundenzufriedenheit gesteigert und die betriebliche Wertschöpfung erhöht werden. Grundlage des Prozessmanagements ist die Ermittlung der Kundenanforderungen, um eine zielgerichtete Anpassung der Prozesse zu realisieren, was letztlich zu einer permanenten Prozessmodellierung und -verbesserung führt.

Hier werden Schritt für Schritt die Möglichkeiten zur Modellierung und Abbildung von Prozessen dargestellt.

Ziel des Buches ist, Ihnen Hilfestellungen bei der Einführung bzw. Weiterentwicklung sowie der Anwendung Ihres Prozessmanagements zu geben.

Inhalt

1 Welche Fragen stellen Sie bei der Analyse eines Prozesses?

Jeder Geschäftsprozess hat die folgenden fünf Aspekte:

[1] Steuerungsaspekt: Was wird wann und warum getan?
[2] Organisationsaspekt: Wer erledigt wo welche Tätigkeit?
[3] Informationsaspekt: Welche Informationen werden wie weitergegeben?
[4] Kontrollaspekt: Erreicht der Prozess sein Ziel?
[5] Sicherheitsaspekt: Wer darf was im Prozess?

Welche Informationen sollten Sie zu den jeweiligen Aspekten eines Prozesses sammeln bzw. erfragen?

Aspekt	Informationen
Steuerung	- Kunden des Prozesses - erwarteter Output - wertschöpfende Tätigkeiten - nicht wertschöpfende Tätigkeiten - Reihenfolge der Aufgaben - mögliche Parallelität der Aufgaben - bedingte Ausführung von Arbeitsschritten

Organisation	- organisatorischer Aufbau des Unternehmens - Voraussetzungen für Aktivitäten: Qualifikation, Werkzeuge, Berechtigungen, geografische Verfügbarkeit - Übergaben im Prozess - Übergaben über Abteilungen
Information	- interner Input - externer Input - interner Output - externer Output - Medien, Medienbrüche - Definitionen, Begriffe
Kontrolle	Kennzahlen: Anzahl, Durchlaufzeit, Pünktlichkeit, Qualität, Kosten
Sicherheit	- Initiierung - Lese- und Schreibrechte - Abbruch - Entscheidungen

Tab. 1: Aspekte eines Geschäftsprozesses

Wichtig: Zuordnung der Detailfragen zu den Aspekten eines Geschäftsprozesses

Ordnen Sie die Detailfragen den richtigen Aspekten eines Geschäftsprozesses zu.

Detailfrage	richtige Zuordnung
Durch wie viele Abteilungen läuft der Prozess?	
Hält der Prozess die Zeitvorgabe ein?	
Welche verschiedenen Medien werden im Prozess verwendet?	
Kann die Zahlung der Lieferung überwacht werden?	
Wie teuer ist eine Ausführung des Prozesses?	
Wie lange dauert der Prozess?	
Kann jeder auf die Daten zugreifen?	
Gibt es diese Information schon im Prozess?	
Wird das Ergebnis den Kundenerwartungen gerecht?	
Wann darf Aktivität 2 beginnen?	
Wer ist für den Prozess verantwortlich?	
Wer darf den Prozess starten?	
Wie sind die Übergaben zwischen den Abteilungen organisiert?	
Wie häufig wird der Prozess angestoßen?	
Können getroffene Entscheidungen unbemerkt nachträglich verändert werden?	
Wo wird diese Information noch verwendet?	
Welche Schritte gehören zum Prozess?	
Wird der Prozess richtig dokumentiert?	
Wie wird die Information weitergegeben?	
Wie viele Personen wirken an dem Prozess mit?	

2 Wie sollten Prozessziele abgeleitet werden?

Mit der Abgrenzung von Prozessen wird die Grundlage einer Prozessstrukturierung geschaffen. Prozesse sind auf der Vorgänger-Nachfolger-Ebene „Black Boxes“. Die innere Ablauflogik von Prozessen ist kein entscheidungsrelevantes Kriterium zur Beurteilung von Prozessen. Erst durch die Definition von Leistungszielen können Prozesse beurteilt werden.

Mit der Strukturierung eines Unternehmens in primäre (wertschöpfende) und sekundäre (unterstützende) Prozesse wird eine erste Eingrenzung von Prozesszielen vorgenommen. Über die Wertkettenanalyse (Strategische Analyse) werden strategische Ziele abgeleitet, die mit Hilfe des Prozessmanagements erreicht werden sollen. Eine konkrete Zielformulierung mittels der Definition der zu erbringenden Prozessleistung kann über ein retrogrades Vorgehen erreicht werden, wobei Zielvereinbarungen mit den Prozesseignern getroffen werden sollten.

Bei einem retrograden Vorgehen, wie beispielsweise bei Prozessanalysen, werden Prozesse nur aus der Innensicht heraus beurteilt. Die daraus gewonnenen Ziele reflektieren das vermutete Verbesserungspotenzial. Sie stellen aber keinen Bezug zu strategischen Zielen und externen Kunden her, wodurch offen bleibt, ob das angestrebte Leistungsniveau ausreicht, die Unternehmensziele zu erreichen und somit die Wettbewerbsposition zu sichern.

Praxishinweis

Es empfiehlt sich, Prozessziele an strategische Ziele sowie an Kundenwünsche und -anforderungen auszurichten, da die gewonnenen Informationen Anhaltspunkte für die Verbesserung der Prozesseffektivität geben.

Zur Konkretisierung der Ziele helfen einige Kategorien als Checkliste für die Zielvereinbarung:

- Menge,
- Kosten,
- Zeit (Pünktlichkeit, Schnelligkeit),
- Qualität,
- Kontrollierbarkeit.

Bei der Definition der Zielvorgaben ist das Prozess-Benchmarking hilfreich. Es vergleicht Geschäftsprozesse des eigenen Unternehmens mit denen anderer Unternehmen, die als Vertreter der Best-Practice gelten. Ergänzend sind die Benchmarks mit den strategischen Geschäftszielen und den Informationen aus Kundenbefragungen abzugleichen.

Die folgende Abbildung zeigt das Vorgehen bei der Planung von Prozesszielen:

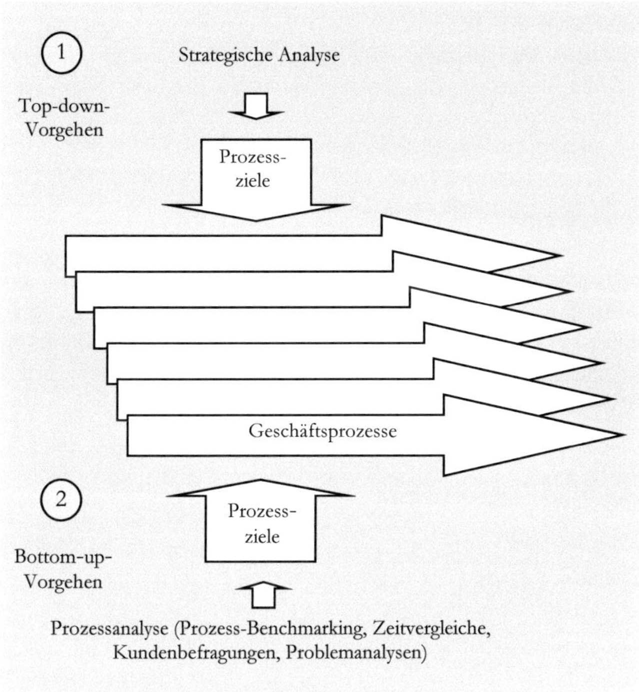

Abb. 1: Vorgehen bei der Planung von Prozesszielen

2.1 Balanced Scorecard

Ein Top-down-Vorgehen bei der Planung von Prozesszielen setzt eine strategische Analyse voraus. Aufbauend auf der strategischen Analyse werden Erfolgsfaktoren, Handlungsoptionen und Geschäftsziele abgeleitet, die als Prozessziele definiert werden können. Diese Ziele können in einer **Balanced Scorecard** abgebildet werden.

Die **Balanced Scorecard** geht von einer Strategie aus, die neben den Shareholdern auch Kunden und Mitarbeiter berücksichtigt. Dieses System gliedert sich in vier Perspektiven, die mit ihren entsprechenden Kennzahlen und Abhängigkeiten (Ursache-Wirkungszusammenhänge) auf die Vision und Strategie des gesamten Unternehmens abzielen und ein Gleichgewicht der verschiedenen Ziele erreichen sollen.

Die **Finanzperspektive** als traditionelle Perspektive der Kennzahlensysteme bildet auch innerhalb der Balanced Scorecard den Ausgangspunkt, denn Ziel eines jeden Unternehmens ist letztendlich, ausreichend hohe Erträge für das investierte Kapital zu erzielen. Zu dieser Perspektive werden drei zusätzliche nichtmonetäre Perspektiven hinzugefügt.

Die Balanced Scorecard umfasst prinzipiell die folgenden Perspektiven:

- Finanzperspektive
  als Outcome
- Kundenperspektive
  als Output der Produktionsfunktion
- Prozessperspektive
  als eigentlicher Transformationsprozess
- Lern- und Entwicklungsperspektive
  Mitarbeit als wesentlicher Faktorinput

Die folgende Abbildung zeigt den Zusammenhang der vier Perspektiven.

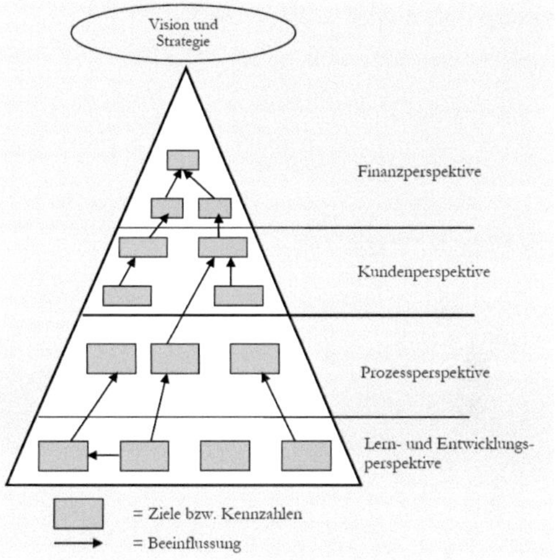

Abb. 2: Perspektiven der Balanced Scorecard

„Der Auswahl dieser Perspektiven liegt eine bestimmte Kausalität zu Grunde. Danach schaffen leistungsfähige und sich entwickelnde Mitarbeiter die Grundlage für effiziente und effektive Geschäftsprozesse. Auf Basis dieser Geschäftsprozesse lassen sich bedürfnisgerechte Produkte und damit zufriedene und rentable Kunden aufbauen. Mit diesen Kundenbeziehungen ist ein finanzieller Erfolg des Unternehmens möglich, dokumentiert im Ergebnis oder Wert.“[1]

Durch die Ursache-Wirkungszusammenhänge wird die Unternehmensstrategie über die Finanz- und Kundenperspektive mit der Prozesslogik und schließlich mit den Maßnahmen auf Mitarbeiterebene verbunden.

[1] Graßhoff, J. (2001): Betriebliches Rechnungswesen und Controlling, Band II: Rechnungswesen und Controlling, 3. erw. Aufl., Hamburg, S. 364

Die folgende Abbildung stellt die Balanced Scorecard im Prozessmanagementsystem dar:

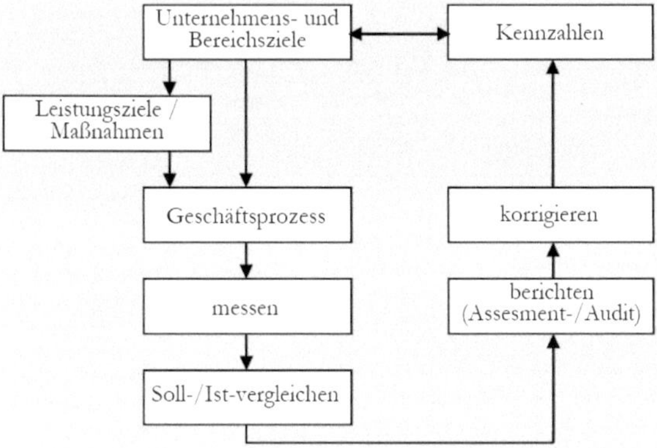

Abb. 3: Balanced Scorecard im Prozessmanagementsystem

Die Stärke der Balanced Scorecard liegt vor allem in der flexiblen Handhabung der einzelnen Perspektiven. Auf starre, mathematische Verknüpfungen wird vollkommen verzichtet. Die Dimensionen der Perspektiven können leicht und überschaubar an die jeweiligen Gegebenheiten eines Unternehmens angepasst werden. So können neben oder anstatt der typischen Perspektiven beispielsweise Umweltfaktoren, weitere Stakeholder wie Lieferanten oder auch branchenspezifische Faktoren Eingang in die Balanced Scorecard eines Unternehmens finden. Im Allgemeinen umfasst die Balanced Scorecard mindestens die „Finanzperspektive" und die „Kundenperspektive". Somit ermöglicht die Balanced Scorecard der Unternehmensführung neben den finanziellen Aspekten auch Frühindikatoren für den Unternehmenserfolg zu steuern und die Entwicklung der Unternehmensvision zu verfolgen.

Die Balanced Scorecard muss – wie auch andere Kennzahlensysteme - permanent gepflegt werden. In einem kontinuierlichen Prozess werden Soll- und Ist-Werte ermittelt und überprüft. Durch entsprechende Maßnahmen werden die Soll-Werte an die aktuellen Gegebenheiten angepasst.

Für jede Perspektive werden zumeist drei bis vier Ziele, entsprechende Maßnahmen und die korrespondierenden Kennzahlen definiert.

2.1.1 Die Finanzperspektive

Leitfrage: Wie sollen wir gegenüber Teilhabern auftreten, um finanziellen Erfolg zu haben?

Mit den finanzwirtschaftlichen Leistungskennzahlen geben Sie die langfristigen Ziele Ihres Unternehmens an. Dies können auf Gewinn gerichtete Ziele sein, beispielsweise Return On Investment (ROI), aber auch andere Ziele sind möglich. Diese Ziele gelten innerhalb der Balanced Scorecard als Endziele der nachfolgenden Perspektiven.

Die Kennzahlen der **Finanzperspektive** sollen erkennen lassen, ob die Strategien des Unternehmens greifen und zu Verbesserungen führen. Dabei sollten die Kennzahlen aus den Erwartungen der Kapitalgeber des Unternehmens abgeleitet werden. Denn der Wert des eigenen Unternehmens für aktuelle und künftige Kapitalgeber hat einen hohen Einfluss auf die Erreichung der finanziellen Ziele.

Je nachdem, in welcher Phase sich ein Unternehmen oder ein Geschäftszweig aktuell befindet, können die finanzwirtschaftlichen Ziele unterschiedlich sein:

- **Wachstum**: In wachsenden Geschäftszweigen ist der Nachdruck auf finanzielle Leistungskennzahlen zu legen, die den wachsenden Umsatz positiv beeinflussen.
- **Stagnation**: Wegen des zunehmenden Wettbewerbs sollte der Schwerpunkt auf traditionelle Leistungskennzahlen (ROI, Rohgewinnmarge, etc.) gelegt werden, wodurch eine Fokussierung auf die Amortisation der getätigten Investitionen errecht wird.
- **Rückgang**: Hier sollte der Fokus auf der Liquidität liegen, damit die bereits getätigten Investitionen so schnell wie möglich in das Unternehmen zurückfließen.

In der folgenden Tabelle werden die wichtigsten Ziele und Kennzahlen der Finanzperspektive innerhalb der Balanced Scorecard genannt:

Ziel	**Kennzahl**
Erhöhung der Kapitalverzinsung	Return-on-Investment
Sicherung der Finanzkraft	Cashflow
Sicherung der Liquidität	Liquidität 1. und 2. Grades
Erhöhung der Rentabilität	Umsatzrentabilität/Kapitalumschlag

Tab. 2: Ziele und Kennzahlen der Finanzperspektive

2.1.2 Die Kundenperspektive

Leitfrage: Wie sollen wir gegenüber unseren Kunden auftreten, um unsere Vision zu verwirklichen?

Hier werden Kennzahlen zusammengefasst, die den Kundenzielen und damit auch den Finanzzielen dienen.

Bei dieser Perspektive sind die Märkte oder Marktsegmente, in denen das Unternehmen sich bewegt oder bewegen möchte, zu identifizieren. Zugleich müssen Leistungskennzahlen gefunden werden, die die Leistung des Unternehmens auf dem betreffenden Markt wiedergeben. Diese Perspektive umfasst verschiedene allgemeine Maßstäbe, die die Leistung der Strategie auf dem Markt abbilden.

> **Praxishinweis**
> **Die allgemeinen Leistungsmaßstäbe der Kundenperspektive sind an die Zielgruppe, wovon das Unternehmen das größte Wachstum und den größten Gewinn erwartet, anzupassen.**

Die allgemeinen Leistungsmaßstäbe sind:

- Marktanteil;
- Kundenanteil;
- Wiederholungskäufe;
- Neukundengewinnung;
- Kundenzufriedenheit;
- Kundenwert.

Diese allgemeinen Maßstäbe sind nicht willkürlich gewählt, sie bilden einen Gesamtzusammenhang.

Die folgende Abbildung stellt die allgemeinen Maßstäbe und deren Gesamtzusammenhang innerhalb der Balanced Scorecard dar:

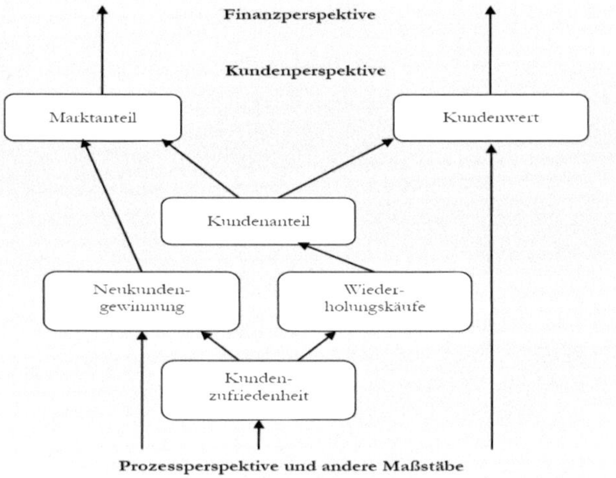

Abb. 4: Maßstäbe der Kundenperspektive

Die allgemeinen Maßstäbe der **Kundenperspektive** erklären nicht, warum ein Unternehmen auf dem Markt erfolgreich ist und ein anderes nicht. Dazu ist es notwendig, den Produktwert aus der Sicht der Kunden in die Betrachtung einzubeziehen. Aus Sicht des Kunden kann ein Produkt als Komposition von Werten, welche einen Beitrag zu seinen Wertketten leisten, gesehen werden. Welche Werte der Kunde einem Produkt entnimmt, ist von drei Wertkategorien abhängig:

- Produkt-/Service-Attribute: Dies umfasst unter anderem Funktionalität, Preis und Qualität.
- Image und Reputation: Dies betrifft vor allem die Art und Weise des Marktauftrittes.

- Beziehung zwischen Kunde und Unternehmen: Dies betrifft vor allem die Art und Weise, wie ein Kunde den Kauf- und Erfüllungsprozess erfährt.

Die folgende Abbildung zeigt den Zusammenhang von Wertkomponenten und Leistungsmaßstäben in der Kundenperspektive:

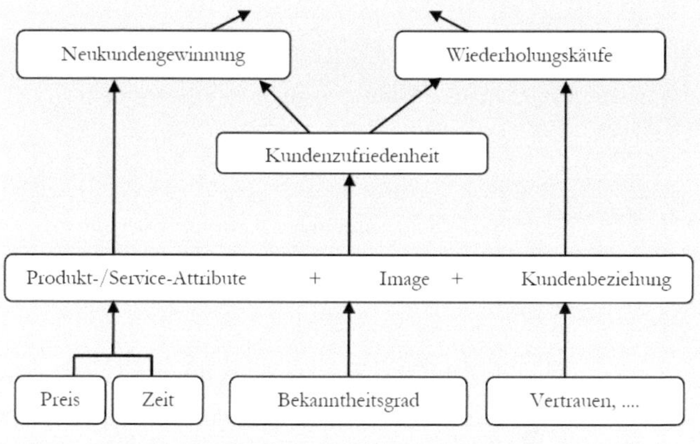

Abb. 5. Leistungsmaßstäbe der Kundenperspektive

In der folgenden Tabelle werden die wichtigsten Ziele und Kennzahlen der Kundenperspektive innerhalb der Balanced Scorecard genannt:

Ziel	Kennzahl
Erhöhung der Marktdurchdringung	Marktanteil
Neukundengewinnung	Anzahl der Neukunden
Erhöhung der Stammkunden	Anzahl der Wiederholungskäufe
Qualitätssteigerung	Reklamationsrate

Tab. 3: Ziele und Kennzahlen der Kundenperspektive

Praxishinweis

Innerhalb der Kundenperspektive sollte die Kundenzufriedenheit vor allem bei Dienstleistungsunternehmen ein hoch angesiedeltes Ziel sein. Denn Dienstleistungsunternehmen sind auf Grund der Immaterialität ihrer Dienstleistungen stark von der Kundenzufriedenheit und der daraus resultierenden Weiterempfehlungsqualität abhängig. Hier ist vor allem der Kundenbetreuungs- und Marketing-Bereich betroffen. Generell ist die Kundenzufriedenheit eine schwer messbare Kennzahl. Neben speziellen Kundenbefragungen sollte ein effizientes und effektives Beschwerde-Management zum Einsatz kommen.

2.1.3 Die Prozessperspektive (interne Perspektive)

Leitfrage: In welchen Geschäftsprozessen müssen wir die Besten sein, um unsere Teilhaber und Kunden zu befriedigen?

In dieser Perspektive müssen die kritischen internen Prozesse identifiziert werden, die für das Unternehmen von großer Bedeutung sind. Diese kritischen internen Prozesse ermöglichen es dem Unternehmen:

- einen Beitrag zu den Wertketten der Kunden zu leisten;
- den Erwartungen der Gesellschafter des Unternehmers entgegenzukommen.

Hier finden Kennzahlen Anwendung, die der Erreichung der Prozess- und Produktionsziele Rechnung tragen. Die internen Prozesse werden vor allem in den Dimensionen Zeit, Qualität und Kosten bewertet. Mit Hilfe dieser Dimension werden einzelne Unternehmensbereiche durchleuchtet und die unternehmensinterne Transparenz befördert.

Die Realisierung der Ziele der internen Unternehmensprozesse beeinflusst die Verwirklichung der Ziele der Finanz- und Kundenperspektive.

In der folgenden Abbildung werden die wichtigsten Ziele und Kennzahlen der **Prozessperspektive** innerhalb der Balanced Scorecard genannt:

Ziel	**Kennzahl**
Einhaltung der Termine	Quote der Termintreue
Verbesserung der Effizienz	Auslastung der Maschinen/Geräte /Mitarbeiter
Flexibilität der Leistungserstellung	Durchlaufzeiten
Senkung des Lagerbestandes	Lagerumschlagshäufigkeit

Tab. 4: Ziele und Kennzahlen der Prozessperspektive

2.1.4 Die Lern- und Entwicklungsperspektive (Mitarbeiter-Perspektive)

Leitfrage: Wie können die Veränderungs- und Wachstumspotenziale gefördert werden, um die Vision des Unternehmens zu verwirklichen?

Aus dieser Perspektive wird der Frage nachgegangen, welche Infrastruktur entwickelt werden muss, um langfristiges Wachstum zu erreichen. Hierbei sind die Teile der Infrastruktur im Fokus, die für den heutigen und zukünftigen Erfolg des Unternehmens wichtig sind.

Es finden Kennzahlen Anwendung, die der Erreichung der langfristigen Überlebensziele Rechnung tragen. Dabei werden sowohl Kennzahlen zur Beschreibung der Innovationsstärke des Unternehmens als auch Kennzahlen zu Motivation und Engagement der eigenen Mitarbeiter berücksichtigt.

In dieser Perspektive werden drei Hauptkategorien unterschieden:

- Qualifizierung der Mitarbeiter;
- Leistungsfähigkeit des Informationssystems (unter anderem zur entsprechenden Kommunikation innerhalb des Unternehmens);
- Motivation und Zielausrichtung der Mitarbeiter.

Die Ziele der **Lern- und Entwicklungsperspektive** wirken direkt auf die übergeordneten Ziele der Prozess-, Kunden- und Finanzperspektive ein.

In der folgenden Abbildung werden die wichtigsten Ziele und Kennzahlen der Lern- und Entwicklungsperspektive innerhalb der Balanced Scorecard genannt:

Ziel	**Kennzahl**
Geringe Mitarbeiterfluktuation	Fluktuationsrate
Erhöhung der Innovation	Anteil der Kosten von Forschung und Entwicklung am Gesamtumsatz
Erhöhung der Kompetenz	Weiterbildungskosten
Verbesserung der Mitarbeiter-Ausbildung	Teilnahme an Schulungen

Tab. 5: Ziele und Kennzahlen der Lern- und Entwicklungsperspektive

Der Zusammenhang der vier Perspektiven der Balanced Scorecard wird an einem einfachen Beispiel deutlich: Kunden werden von gut geschulten Mitarbeitern (Lern- und Entwicklungsperspektive) effektiver bedient. Dies führt zu kurzen Wartezeiten für die Kunden (Prozessperspektive). Müssen Kunden nur kurz warten, werden sie das Unternehmen weiter empfehlen (Kundenperspektive). Weiterempfehlungen führen zu neuen Kunden, zu mehr Umsatz und einem höheren Gewinn (Finanzperspektive).

Merke
Die Balanced Scorecard soll Daten liefern, die zur Steuerung des Unternehmens geeignet sind. Die Informationen müssen entscheidungsrelevant sein, müssen auch verwendet werden können und letztendlich allgegenwärtig sein. Unter allgegenwärtig wird verstanden, dass die Kennzahlen, die verwendet werden, im Unternehmen bekannt sind und beobachtet werden.

2.1.5 Weiterentwicklung der Balanced Scorecard

Über eine permanente Pflege und Kontrolle der Ziele und Kennzahlen hinaus kann die Balanced Scorecard an die besonderen Gegebenheiten und Entwicklungen eines Unternehmens, einzelner Teilbereiche des Unternehmens oder einer gesamten Branche angepasst, d.h. die entsprechenden Perspektiven können angepasst, erweitert oder reduziert werden.

Beispielsweise kann das Ziel „Nachhaltigkeit" in die Balanced Scorecard eines Unternehmens aufgenommen werden. Dies kann zum einen über eine fünfte Perspektive erreicht werden, oder zum anderen können Nachhaltigkeitsziele in die bestehenden vier Perspektiven integriert werden. Es könnten zum Beispiel folgende Ziele und Kennzahlen in die vier Perspektiven integriert werden:

Finanzperspektive

- **Ziel**: Nachhaltigkeitsorientierte Vermögensnutzung
- **Kennzahl**: Cashflow von nachhaltigkeitsorientierten Projekten

Kundenperspektive

- **Ziel**: Aufbau eines nachhaltigkeitsorientierten Images
- **Kennzahl**: Realisierter Marktanteil im Kundensegment, das durch nachhaltige Produkte neu erschlossen wurde.

Prozessperspektive

- **Ziel**: Nachhaltigkeitsorientierte Produktion
- **Kennzahl**: Abfallmenge/Emissionen/Gefahrstoffe pro Produktmenge

Lern- und Entwicklungsperspektive

- **Ziel**: Motivation für Nachhaltigkeit schaffen
- **Kennzahl**: Anzahl der Mitarbeiter, die sich in einer entsprechenden Umfrage als motiviert bezeichnen.

Des Weiteren kann eine weiter gefasste Perspektive der „Gesellschaft/Umwelt“ in die Balanced Scorecard einbezogen werden. Dies ist vor allem bei Unternehmen sinnvoll, die im besonderen Maße von der Reputation bei ihren Stakeholdern (neben den Kunden und Mitarbeitern auch Lieferanten, Staat, Banken, Umweltverbände, Anwohner und Gemeinde) und in der breiten Öffentlichkeit abhängig sind. Beispielsweise kann dies bei größeren Unternehmen aber auch bei Non-Profit-Organisationen der Fall sein.

2.1.6 Anwendung

Für eine erfolgreiche Einführung der Balanced Scorecard werden folgende Handlungsschritte empfohlen:

[1] Definition der Zielsetzung: Was soll mit Hilfe der Balanced Scorecard erreicht werden?Auswahl der passenden Organisation (Geschäftsbereich, Profit-Center usw.), die die Pionierfunktion übernehmen soll, und Ernennung des Projektteams zur Umsetzung der Balanced Scorecard

[2] Identifizierung der Beziehungen der gewählten Organisation mit den anderen relevanten Organisationen (z.B. Abteilungen)

[3] Vorstellung des Konzepts der Balanced Scorecard bzw. Beantwortung von Fragen über die Balanced Scorecard

[4] Aufstellung und Priorisierung der Zielsetzungen für die gewählten Perspektiven

[5] Aufstellung der strategischen Ziele für jede Perspektive

[6] Auswahl der Kennzahlen

[7] Identifizierung der Informationsquellen für jede Kennzahl

[8] Identifizierung der Verknüpfungen zwischen den Kennzahlen einer Perspektive und der anderen Perspektiven

[9] Bereichsübergreifende Kommunikation der Inhalte der Balanced Scorecard an alle Mitarbeiter

[10] Entwicklung eines Umsetzungsplanes

[11] Festlegung der Aktivitäten zur Erreichung der strategischen Ziele

[12] Implementierung der Balanced Scorecard

Für die Einführung der Balanced Scorecard ist ein Zeitraum von sechs bis zwölf Monaten realistisch. Vor allem der damit zusammenhängende EDV-Aufwand darf nicht unterschätzt werden.

Im Anschluss an die Implementierung der Balanced Scorecard folgt der kontinuierliche Prozess der Pflege, aus dem resultierend Lernprozesse folgen, die wiederum zur Weiterentwicklung der Balanced Scorecard innerhalb des Unternehmens führen.

Fallbeispiel einer Balanced Scorecard

In der folgenden Tabelle wird ein Beispiel für eine Balanced Scorecard dargestellt:

Finanzwirtschaftliche Perspektive									
Ziel	Messgröße	Einheit	Ist-Werte Quartal				Zielwert Jahr	erreicht % bis jetzt	erreicht % erwartet
			1	2	3	4			
Umsatz-steigerung	Netto-Umsatz	Mio. €							
Gewinn	Brutto-Betriebs-ergebnis	Mio. €							
Rentabilität	Return on Sales	%							
Kapitalver-zinsung	Return on Invest-ment/CF ROI	%							
Liquidität	Free Cash Flow	Mio. €							
Kundenperspektive									
Ziel	Messgröße	Einheit	Ist-Werte Quartal				Zielwert Jahr	erreicht % bis jetzt	erreicht % erwartet
			1	2	3	4			
Markt-durchdrin-gung	Marktanteil absolut /relativ	%/ Faktor							
Kunden-treue	Stammkun-denquote	%							

Kundenzufriedenheit	Index	Punkte							
Kundenverlässlichkeit	Stornos	Anzahl							
fehlerfreie Produkte	Retouren	Stück							
Innovations- und Wissensperspektive									
Ziel	Messgröße	Einheit	Ist-Werte Quartal				Zielwert Jahr	erreicht % bis jetzt	erreicht % erwartet
			1	2	3	4			
Neue Produkte	Umsatz Neu-/Gesamtprodukte	%							
Qualität aufs erste Mal	Änderungen/Nachbesserungen	Zahl							
Kontinuierliche Verbesserung	Weiterbildungskosten/Mitarbeiter	%							
Talent zum Wandel	Anteil Mitarbeiter in Projekten	%							
Prozessperspektive									
Ziel	Messgröße	Einheit	Ist-Werte Quartal				Zielwert Jahr	erreicht % bis jetzt	erreicht % erwartet
			1	2	3	4			
Steuerungskompetenz	Produktions-Durchlaufzeit	Tage							

Qualität	Ausschuss-anteil	%							
Produkti-onseffizienz	Anlagen-verfügbar-keit/Fehl-zeitenquote	%							
Credit Manage-ment	Zahlungsziel	Tage							
Verkaufs-effizienz	Deckungs-beitrag I: direkte Struko	Faktor							

Tab. 6: Beispiel einer Balanced Scorecard

Praxishinweis

Im Laufe der Entwicklung der Balanced Scorecard hat sich herausgestellt, dass es für die Unternehmenssteuerung von Vorteil ist, sich auf wenige, aber wesentliche Kennzahlen zu beschränken, anstatt eine unübersichtliche Vielzahl von Daten zu verwenden. Es macht Sinn, dass man sich auf 10 bis 20 wesentliche Kennzahlen beschränkt.

2.2 Bewertung Balanced Scorecard

Neben dem Vorteil des ganzheitlichen Kennzahlensystems durch die Integration von nicht-monetären Zielen sind folgende weitere Vorteile mit der Anwendung einer Balanced Scorecard verbunden:

- Die Balanced Scorecard bietet die Möglichkeit, die Unternehmensstrategie zu kommunizieren und zu operationalisieren. Die Strategie kann durch Zerlegung der Gesamtaufgabe auf operatives Handeln innerhalb der entsprechenden Perspektiven herunter gebrochen werden.

- Durch die klaren Ursache-Wirkungs-Zusammenhänge werden Defizite und daraus resultierende wichtige Aufgaben des Unternehmens transparent. Frühindikatoren können zielgerichtet eingesetzt werden.
- Sofern die Lern- und Entwicklungsebene (Mitarbeiterebene) Teil der Balanced Scorecard ist, kann dies zur Mitarbeiter-Motivation führen, da die Mitarbeiter „ihre eigene Ebene“ erhalten, die zum einen aufzeigt, dass jeder Mitarbeiter-Beitrag zur Erreichung der Gesamtstrategie des Unternehmens beiträgt. Zum anderen können die Mitarbeiter-Bedürfnisse berücksichtigt werden. Zur Nutzung dieses Vorteils ist eine bereichsübergreifende Kommunikation innerhalb des Unternehmens erforderlich.
- Die Balanced Scorecard kann für das Gesamtunternehmen und/oder für einzelne Teilbereiche eingesetzt werden.

Generell besteht bei der Anwendung der Balanced Scorecard die Gefahr, dass von Anfang an falsche bzw. unrealistische Ziele definiert werden, die durch das gesamte Unternehmen „gedrückt“ werden. Neben dieser generellen Gefahr können folgende Nachteile auftreten:

- Für eine effektive Umsetzung der Balanced Scorecard sind umfassende Marktdaten und -kenntnisse erforderlich, die – sofern nicht vorhanden – aufwändig erhoben und ausgewertet werden müssen.

jede einzelne Kennzahl ein Verantwortlicher festgelegt werden, der heranzuziehen ist, wenn der Zielwert der Kennzahl nicht erreicht wird. Dies bringt einen hohen Verwaltungsgrad und einen starken Leistungsdruck auf die Kennzahlen-Verantwortlichen und auf deren unterstellte Mitarbeiter mit sich. Es sollte bei der Beurteilung des Zielerreichungsgrades von Kennzahlen in „zu verantwortende Abweichungen" und „nicht zu verantwortende Abweichungen" (z.B. bei konjunkturellen Schwankungen) unterschieden werden. Des Weiteren sollten die Verantwortlichen bei der Festlegung der Soll-Größen mit einbezogen werden.

- Vorsicht ist geboten, wenn innerhalb der Verwendung der Balanced Scorecard eine Leistungs- und Verhaltenskontrolle bei den Mitarbeitern vorgenommen wird. Wenn die Mitarbeiter nicht bei der Festlegung der Soll-Größen beteiligt werden, besteht ein hohes Risiko der fehlenden Akzeptanz.
- Wegen der Möglichkeit zur Mitarbeiter-Kontrolle unterliegen in Deutschland nach dem Betriebsverfassungsgesetz Unternehmen mit Betriebsrat der Mitbestimmung bei der Einführung einer Balanced Scorecard.
- Generell raumt die Balanced Scorecard keinen Raum für eventuell auftretende Risiken ein. Sollen die Risiken des Unternehmens in die Balanced Scorecard einbezogen werden, ist diese auf die Bedürfnisse des Unternehmens anzupassen und weiterzuentwickeln.

3 Wie werden Prozesse dargestellt?

Zur Darstellung von Prozessen können verschiedene Modelle und Techniken angewendet werden. Beispiele hierfür sind:

- Petrinetze;
- Ereignisgesteuerte Prozessketten (EPK);
- Vorgangskettendiagramme (VKD);
- Arbeitsablaufdiagramme;
- Dataflowdiagramme;
- Datenflusspläne;
- Informationsflussdiagramme.

Bei der Erstellung eines Prozessdiagramms sollten folgende Hinweise beachtet werden:

- In einem Diagramm sollten nicht mehr als 3 bis 4 Faktoren dargestellt werden.

  Faktoren zur Erklärung von Prozessen können sein:
  - Identifikation und Abgrenzung von einzelnen Prozessen in einer Organisation,
  - Dauer, Parallelität,
  - beteiligte Dokumente und Datenformen,
  - Lokation (geografisch und organisatorisch),
  - beteiligte Abteilungen und Mitarbeiter, Häufigkeiten,
  - verwendete Methoden und Techniken und
  - Ressourcen.

- Das Diagramm ist auf die Bedürfnisse und das Verständnis der Anwender abzustimmen.

  Verwenden Sie keine Symbole und Darstellungstech niken, von denen Sie nicht sicher sind, dass Ihre Leser sie kennen. Es ist sinnvoll, einen allgemeinen Gestaltungsrahmen zu vereinbaren, der dann für alle Prozessmodellierer verbindlich ist.
- Klarheit und Verständlichkeit gehen vor Vollständigkeit.

  Nicht alle Eventualitäten und Ausnahmen können in einem Prozess-Diagramm dargestellt werden. Verweisen Sie an diesen Punkten im Diagramm auf einen erklärenden Anhang.
- Verwenden Sie für gleiche Bedeutungen immer gleiche Symbole.

  Verwenden Sie so wenige Symbole wie möglich, die aber immer gleich für gleiche Bedeutungen. Verwenden Sie nur dann neue Symbole, wenn die Differenzierung einen erheblichen Gewinn für die Aussagekraft des Diagramms bedeutet.
- Verwenden Sie nur sparsam Text.

  Trennen Sie soweit wie möglich Text und Diagramm. Verweisen Sie im Diagramm auf erklärenden Text im Anhang.
- Verwenden Sie immer das gleiche Format.
- Zeichnen Sie Diagramme von oben links nach unten rechts.

3.1 Petrinetze

Prozesse können mit Hilfe von Petrinetzen beschrieben, simuliert und berechnet werden. Damit eignen sich Petrinetze beispielsweise zur Prozessdarstellung, -analyse und -gestaltung.

In der folgenden Abbildung werden die bei Petrinetzen verwendeten Symbole dargestellt:

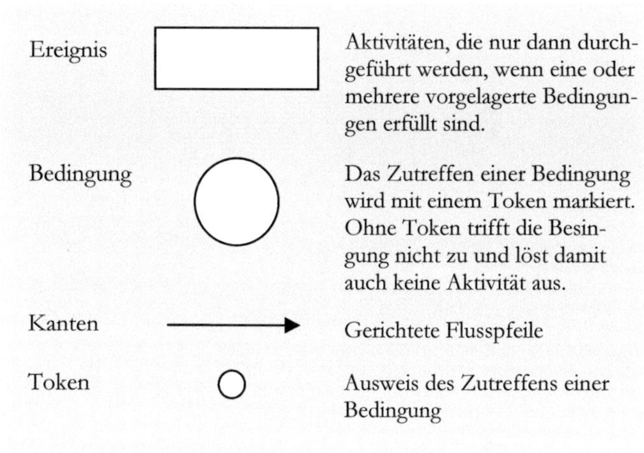

Abb. 6: Symbole von Petrinetzen

In der folgenden Abbildung wird am Beispiel eines Wareneingangs ein Petrinetz dargestellt.

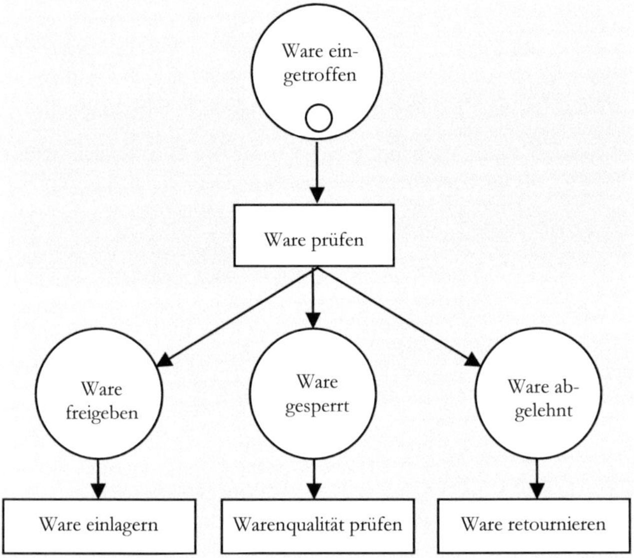

Abb. 7: Petrinetz

3.2 Ereignisgesteuerte Prozessketten (EPK)

Ereignisgesteuerte Prozessketten ist eine Technik, die in der Praxis häufig zur Darstellung von Prozessen angewendet wird. Ein Ereignis ist der Auslöser von Aktivitäten (Funktionen), die von Organisationseinheiten durchgeführt werden.

3.2.1 Elemente Ereignisgesteuerter Prozessketten

Prozesse werden bei dieser Methode mit folgenden Elementen dargestellt:

„Folge“

Das Kernelement der Darstellung ist der Pfeil. Der Pfeil bedeutet: „Auf A folgt B“.

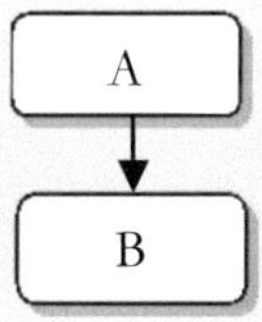

Abb. 8: „Folge“

„Ereignisse und Aktivitäten“

Aktivitäten werden als rechteckige Kästchen dargestellt, die verbindenden Pfeile geben die Reihenfolge an. Ereignisse werden als Sechsecke dargestellt.

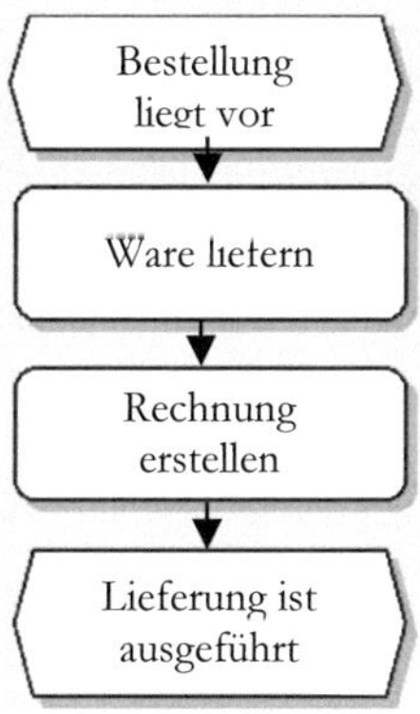

Abb. 9: „Ereignisse und Aktivitäten“

Aktivitäten werden immer mit einem Substantiv und einem aktiven Verb benannt.

Beispiele: Rechnung prüfen; fehlerhafte Rechnung reklamieren; Ware prüfen.

Ereignisse werden immer mit einem Substantiv und einem passiven Verb (Zustandspassiv) dargestellt.

Beispiele: Rechnung ist eingegangen; Rechnung entspricht Bestellung; Bestellung liegt vor.

„Verzweigungen"

Verzweigungen werden mit logischen Verknüpfungen dargestellt. Dazu werden die logischen Operatoren „und", „oder" und „entweder oder" verwendet.

„und"
Die Verknüpfung „und" bedeutet, dass alle darauf folgenden Aktivitäten unabhängig voneinander ausgeführt werden.

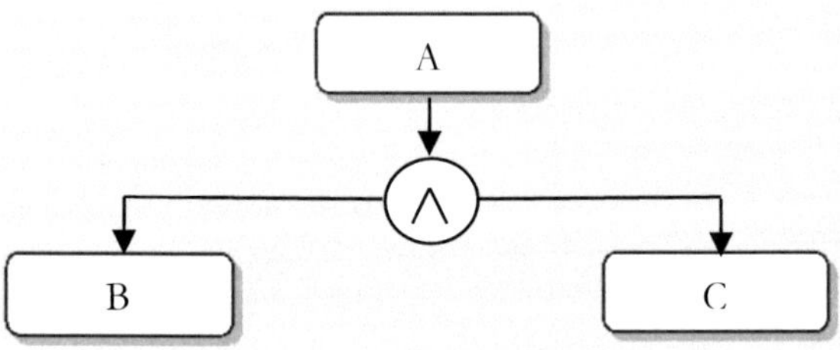

Abb. 10: „und-Verzweigung"

„oder"

Die Verknüpfung mit „oder" besagt, dass von den folgenden Ereignissen mindestens eines zutrifft. Es können aber auch mehrere oder alle Ereignisse zutreffen.

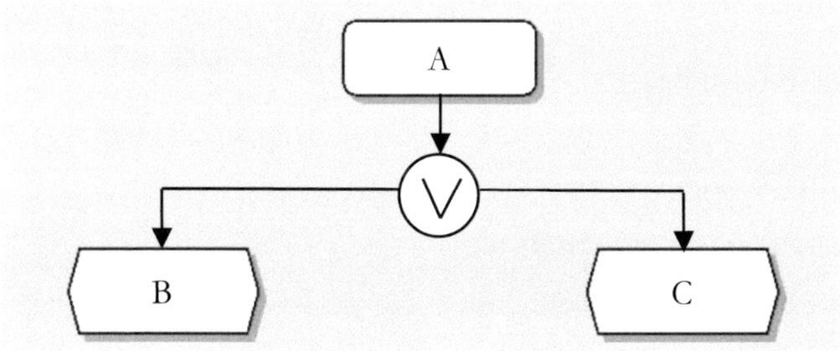

Abb. 11: „oder"-Verzweigung

„entweder-oder"-Ereignisse

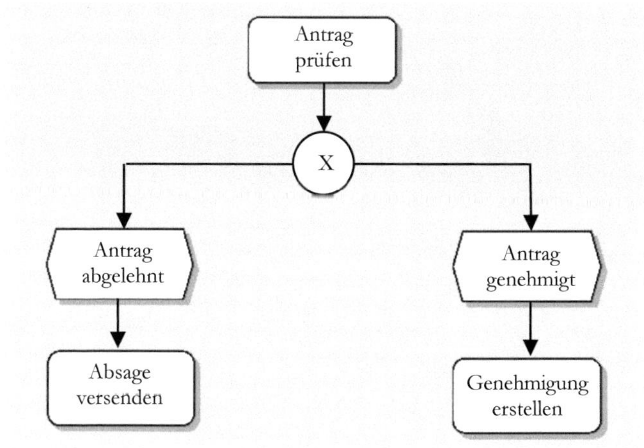

Abb. 12: „entweder-oder"-Ereignisse

Die Verknüpfung „entweder-oder“ (auch als „x-oder“ bezeichnet) besagt, dass von mehreren folgenden Ereignissen genau eines zutrifft. Es ist also nicht möglich, dass kein Ereignis zutrifft oder mehrere Ereignisse zutreffen.

Hinter jedem „oder“ bzw. „entweder-oder“ muss ein Ereignis folgen. Das Ereignis gibt an, welche Entscheidung dem „oder“ bzw. „entweder-oder“ zugrunde liegt.

Zusammenführungen

„und“-Zusammenführung

Eine „und“-Verzweigung im Prozessmodell besagt, dass, wenn Aktivität 1 abgeschlossen ist, sowohl Aktivität 2 als auch Aktivität 3 folgen. Mit einer „und“-Zusammenführung wird dargestellt, dass mit der Aktivität 4 erst angefangen werden kann, wenn die Aktivitäten 2 als auch 3 abgeschlossen sind.

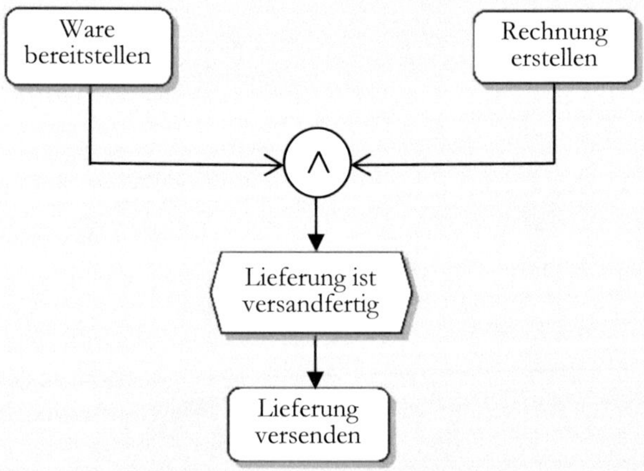

Abb. 13: „und“-Zusammenführung

„oder"- bzw. „entweder-oder"-Zusammenführung

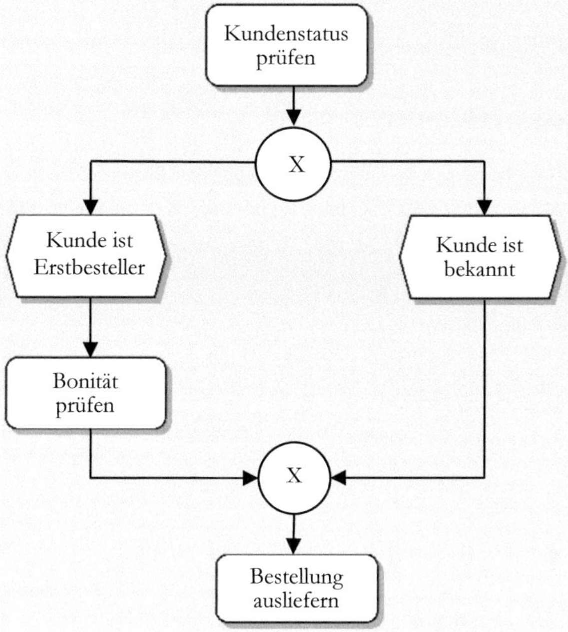

Abb. 14: „entweder-oder"-Zusammenführung

Eine „oder"- bzw. entweder-oder"-Verzweigung besagt, dass, wenn Aktivität 1 abgeschlossen ist, Ereignis A oder Ereignis B (oder C, oder D) eingetreten ist. Mit einer „oder"- bzw. „entweder-oder"-Zusammenführung wird dargestellt, dass, egal welches Ereignis eingetreten ist, der folgende Ablauf gleich ist.

Was ist eine Schnittstelle?

Eine Schnittstelle gibt an, dass die Beendigung einer Aktivität oder eines Prozesses unmittelbar den Start einer Aktivität bzw. Prozesses auslöst. Damit dient die Schnittstelle der chronologischen Gliederung von Prozesszusammenhängen.

Es werden Eingangs- und Ausgangsschnittstellen unterschieden. Die Eingangsschnittstelle gibt an, aus welchem anderen Prozess der aktuelle Vorgang aufgerufen wurde; die Ausgangsschnittstelle gibt an, welcher andere Prozess an dieser Stelle ausgelöst wird.

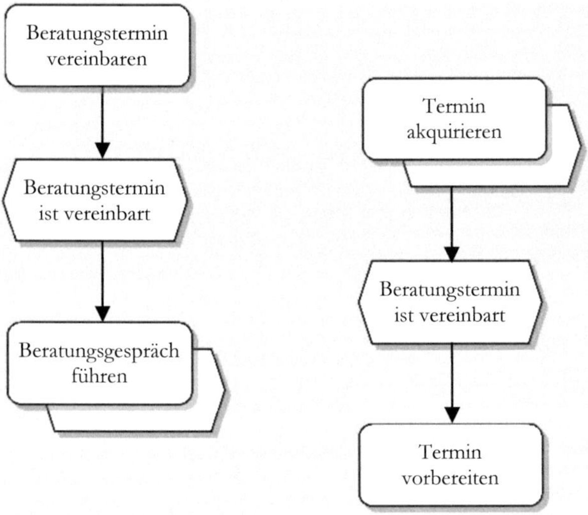

Abb. 15: „offene Schnittstelle“

Verbunden wird die Eingangs- und Ausgangsschnittstelle durch ein gemeinsames Ereignis. Das gemeinsame Ereignis steht unmittelbar vor der Ausgangs- und direkt hinter der Eingangsschnittstelle. Hat ein Prozess mehrere Ausgangsschnittstellen, dann wird durch das Ereignis geklärt, an welche davon die Eingangsschnittstelle eines anderen Prozesses anknüpft.

„offene Schnittstelle“

In komplexen Prozesslandschaften ist die offene Schnittstelle ein Hilfsmittel, auf einen anderen Prozess oder auf eine Detailebene hinzuweisen. Der andere Prozess oder die Detailebene muss noch nicht modelliert sein.

Was ist eine Schachtelung?

In Prozessmodellen dient die Schachtelung dazu, das Modell vom Allgemeinen zum Speziellen aufzubrechen. In einem groben Modell werden nicht weiter differenzierte Tätigkeitskomplexe als eine Aktivität ausgewiesen und miteinander verknüpft. Zu jeder dieser Aktivität existiert ein weiteres Modell, das die Tätigkeiten in diesem Komplex näher spezifiziert.

Dieses Darstellungsmittel bietet die Möglichkeit der Modellierung größerer Zusammenhänge. Zudem können verschiedene Prozessmodelle in einem Unternehmen zu einem Gesamtmodell zusammengefasst werden.

Schachtelungen in einem Prozessmodell sind keine Einbahnstraßen. Denn bei der Betrachtung von Details in der Verschachtelung kann sich herausstellen, dass das darüber liegende aggregierte Modell verbessert werden muss.

Organisationsaspekt

„wird ausgeführt von“

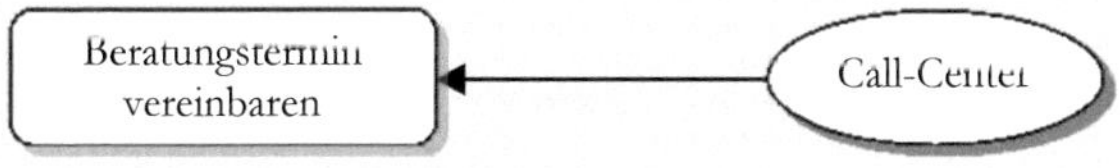

Abb. 16: Organisationsaspekt

Beispiel: Mitarbeiter einstellen

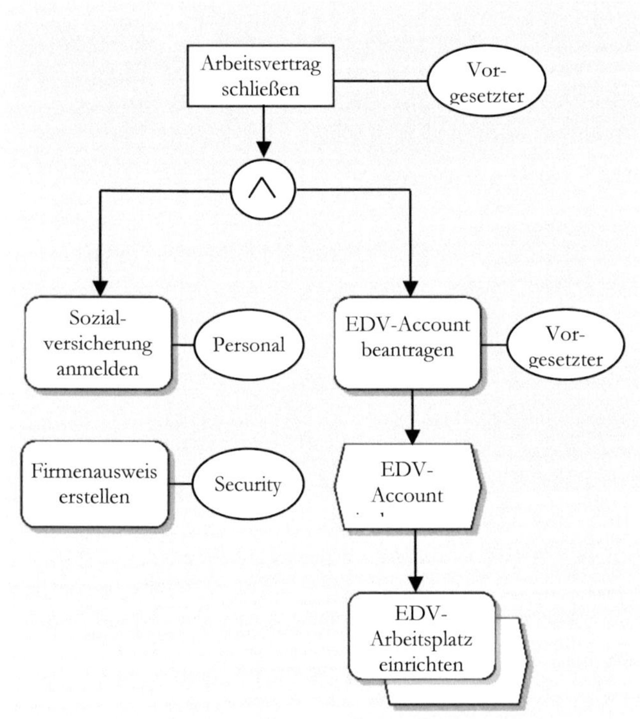

Abb. 17: Prozess Mitarbeiter einstellen

Zusammenfassung der Symbole

In der folgenden Abbildung werden die Symbole „Ereignisgesteuerter Prozessketten (EPK)“ zusammengefasst:

Ereignis	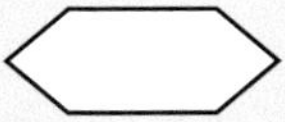	Eingetretensein eines Zustandes, der eine Folge auslöst.
Funktion	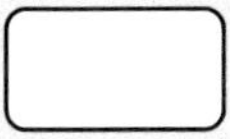	Verarbeitungsaktivität, die eine Transformation vom Eingangzustand in den Zielzustand bewirkt.
Objekt	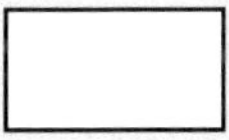	Informations- oder Material- oder Ressourcenobjekt, also die Abbildung eines Gegenstandes der realen Welt.
Organisations-einheit	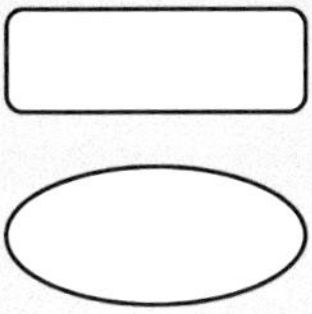	Beide Symbole werden für aufbauorganisatorische Stellen oder Gremien verwendet.
Prozessweg-weiser	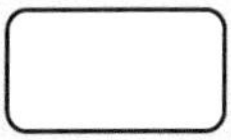	Navigationshilfe, zur Darstellung der Verbindung von einem bzw. zu einem anderen Prozess
UNDoperator		Verknüpfungsoperator UND
ODERoperator		Verknüpfungsoperator ODER
EXCLUSIV-ODER-		Verknüpfungsoperator EXCLUSIV-ODER

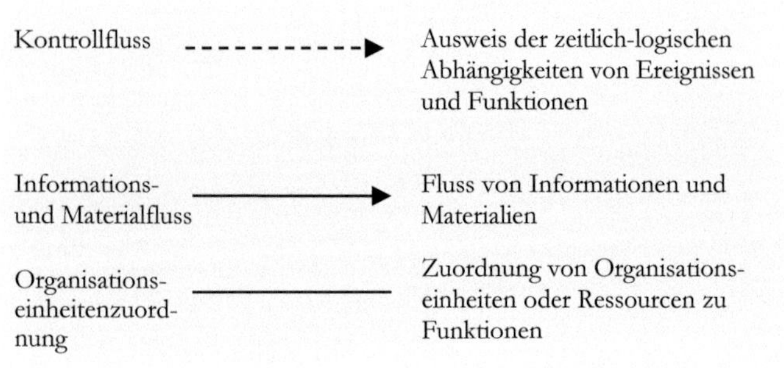

Abb. 18: Symbole Ereignisgesteuerter Prozessketten

Übung: Erstellen eines Prozessmodells

Ein Mitarbeiter stellt den Bedarf für eine Beschaffung fest. Er spezifiziert, welche Materialien benötigt werden. Der Einkauf fordert Angebote von mehreren Lieferanten an. Die eingegangenen Angebote werden vom Einkauf verglichen und das günstigste Angebot wird dem Kostenstellenleiter vorgelegt. Dieser genehmigt die Beschaffung. Vom Einkauf wird die Bestellung ausgeführt und eine Rückstellung im Buchungssystem gebucht.

Erstellen Sie ein Prozessmodell mit einer sequenziellen Bearbeitung.

Übung: Erstellen eines Prozessmodells mit einer „entweder-oder"-Verzweigung

Der Wareneingang nimmt eine Lieferung an und erfasst die Lieferung. Er prüft, ob der Lieferung eine Bestellung gegenübersteht.

1. Die Lieferung stimmt mit einer Bestellung überein: Mitarbeiter des Wareneingangs bucht den Wareneingang.
2. Die Lieferung stimmt nicht mit der Bestellung überein: Der zuständige Bearbeiter im Einkauf regelt die abweichende Lieferung.
3. Es existiert keine Bestellung der Ware: Der Wareneingang sendet die Ware an den Lieferanten zurück.

Erstellen Sie ein Prozessmodell mit einer „entweder-oder"-Verzweigung.

Übung: Erweiterung eines Prozessmodells

Der Sachbearbeiter im Rechnungswesen erfasst eine eingegangene Rechnung und legt die Rechnung ab. Er prüft und bearbeitet die Rechnung.

Fügen Sie dem Prozess aus der vorherigen Übung den Prozess des Rechnungseinganges bis zur Rechnungsbearbeitung hinzu.

3.2.2 Hinweise für Ereignisgesteuerte Prozessdiagramme

Welche Daten sind relevant?

- Ressourcen (Dokumente, Formulare, Dateien)
- Arbeitsschritte (Beschreibung oder Benennung eines einzelnen Schrittes)
- Zuständigkeiten (Prozesseigner, Case-Team, Organisationseinheit)
- Meilensteine (Zeitpunkte, Ziele, Teilziele)
- zeitliche Abfolge (Sequenzen)

Welche Anforderungen sind an die Darstellungsform zu stellen?

- Eindeutigkeit
- Vollständigkeit
- Einfachheit
- leichte Verständlichkeit
- einfache Pflege
- Akzeptanz

Wie sind Prozessmodelle darzustellen?

- Top-down-Prinzip (Grob-/Fein-/Detailmodell)
- System aus miteinander in Verbindung stehender Elemente (Netz)

- Element Funktion (Operation) durch Rechtecke darstellen
- Element Ereignis durch Raute darstellen
- Verbindung von Element durch Linien/Pfeile darstellen

Welche Bausteine benötigen Sie zur Prozessdarstellung?

- Ziele, Kunden, Eigner und Kennzahlen
- Funktionen
- Ereignisse
- Verknüpfungen
- Ressourcen
- Zuständigkeiten
- Schnittstellen

Ziele, Kunden, Eigner, Kennzahlen

- Prozessziele definieren den Zweck und somit die Daseinsberechtigung eines Prozesses.
- Die Definition des Kunden eines Prozesses hilft bei der Prozessoptimierung und beim Hineindenken in den Kunden. Beispiel: Probleme des Kunden, Anforderungen des Kunden, Branche, Größe.
- Der Prozesseigner oder das Prozesseignerteam ist für den reibungslosen zielgerichteten Ablauf und die Optimierung eines oder mehrerer Prozesse zuständig. Beispiel: Frau Pieper, Herr Günther.

- Kennzahlen dienen der schnellen Feststellung des Zielerreichungsgrades eines Prozesses. Bespiel: Reklamationsrate.

Funktionen (Was?)

- Element beschreibt eine Tätigkeit, Aktion oder Phase, die ein bestimmtes Ergebnis (Ereignis) zur Folge hat.
- Form: Objekt (Substantiv) + Verrichtung (Verb). Beispiel: Ware einlagern, Angebot erstellen.
- Darstellung durch Rechtecke mit „runden Ecken".

Ereignisse

- Element beschreibt einen Zustand, einen Zeitpunkt oder einen Meilenstein als Ergebnis einer Funktion.
- Form: Objekt (Substantiv) + Zustand (Zustandsverb). Beispiel: Ware ist eingelagert, Angebot ist erstellt.
- Darstellung durch Raute.

Verknüpfungen (Wie?)

- Verschiedene Elemente werden miteinander durch Linien oder Pfeile verbunden.
- Pfeilrichtung zeigt die Richtung des Ablaufs an. Beispiel: nach „Angebot erstellen" folgt „Angebot ist erstellt".
- Elemente beschreiben Prozessverzweigungen oder Zusammenführungen.

- Symbole „und", „oder", „entweder-oder" (X). Beispiel: Nach Angebotserstellung teilt sich ein Prozess in „Angebot versenden" und „Angebot auf Wiedervorlage legen".

Ressourcen (mit was? für was?)

- Elemente beschreiben, welche Ressourcen verbraucht und geschaffen werden.
- Ressourcen hängen immer an Funktionen.
- Pfeil von Ressource zu Funktion = Verbrauch; von Funktion zu Ressource = Ergebnis der Funktion.

Zuständigkeiten

- Element beschreibt, welche Stelle für die Durchführung einer Funktion zuständig ist.
- Form: keine Personen, nur Stellen! Beispiel: Verkauf, Einkauf, Prozesseigner XY.
- Darstellung durch Oval oder Rechteck.

Schnittstellen

- Element beschreibt das Springen zu einem anderen Prozess oder einer Detailebene.
- Form: Objekt + Verrichtung. Beispiel: Angebot erstellen.
- Darstellung mit Ereignis und Funktion.

Welche Regeln sind bei der Darstellung von Prozessen mit EPK´s zu beachten?

- Reihenfolge
- Verzweigungen
- Schnittstellen

Regeln für die Reihenfolge

- Reihenfolge immer: Ereignis, Funktion, Ereignis, Funktion, Ereignis ....
- rechts Zuständigkeiten definieren.
- links Ressourcen definieren.
- Am Anfang und am Ende immer ein Ereignis darstellen (Anfang: Startereignis, Trigger).
- einfach halten/weniger ist mehr.

Regeln für Verzweigungen

- nach „und-Verzweigungen" stehen immer Funktionen (Aktivitäten).
- nach „oder"- bzw. „entweder-oder"-Verzweigungen stehen immer Ereignisse.
- Zusammenführungen sind entsprechend der Verzweigungen darzustellen.

Übung: Fehler im Prozessmodell finden

Markieren Sie die Fehler im abgebildeten Prozessmodell und korrigieren Sie diese.

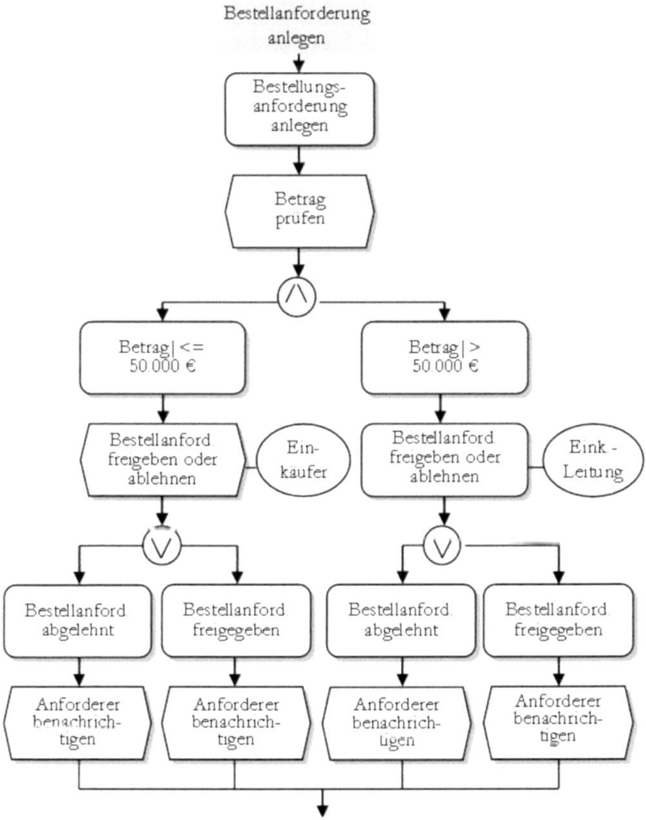

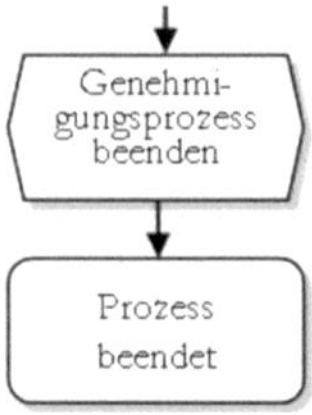

Abb. 19: Fehler im Prozessmodell finden

3.3 Vorgangskettendiagramm

In **Vorgangskettendiagrammen** werden Ereignisgesteuerte Prozessketten (EPK) mit Hilfe einer Matrizendarstellung nach Merkmalen systematisiert. Die Spalten weisen die Merkmale aus. Der Kontrollfluss verläuft von oben nach unten.

Beispielsweise können folgende Merkmale Prozessen zugeordnet werden:

- Ereignisse, Funktionen und Informationen
- Verarbeitungsart

  - Dialog: Durchführung im Mensch-Maschinen-Dialog

  - Batch: Stapelverarbeitung durch das EDV-System

  - Manuell: Ausschließliche Bearbeitung durch den Menschen
- Anwendungssystem
- Organisationseinheit

In der folgenden Abbildung wird ein **Vorgangskettendiagramm** am Beispiel einer Wareneingangsprüfung dargestellt:

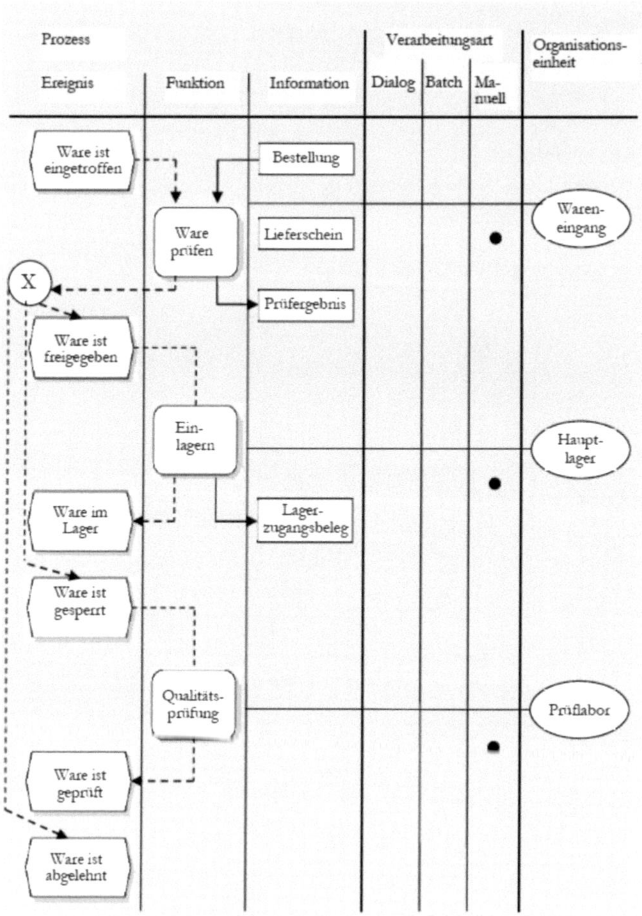

Abb. 20: Vorgangskettendiagramm

3.4 Arbeitsablaufdiagramm

Der Verband für Arbeitsgestaltung, Betriebsorganisation und Unternehmensgestaltung (REFA) empfiehlt die Technik der Arbeitsablaufdiagramme zur Darstellung von Prozessen anzuwenden. Mit der Anwendung dieser Technik sind folgende Vorteile verbunden:

- Verwendung weniger Sinnbilder;
- Unterscheidung verschiedener Verzweigungsarten;
- Anschaulichkeit (für Laien verständlich).

Arbeitsablaufdiagramme werden mit folgenden Symbolen dargestellt:

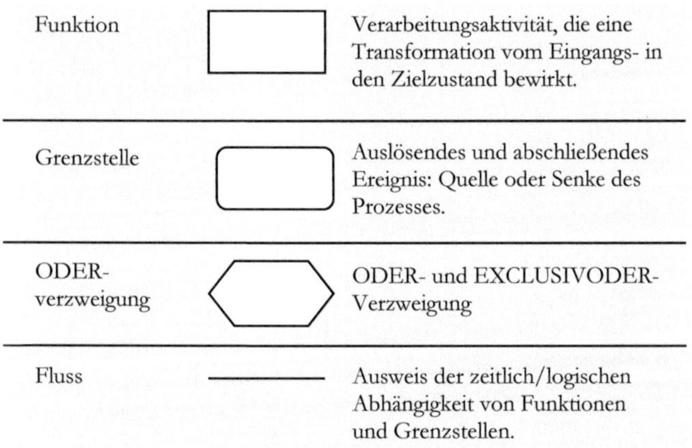

Abb. 21: Symbole von Arbeitsablaufdiagrammen

Der Prozess der Wareneingangsprüfung könnte beispielsweise in einem Arbeitsablaufdiagramm wie folgt abgebildet werden:

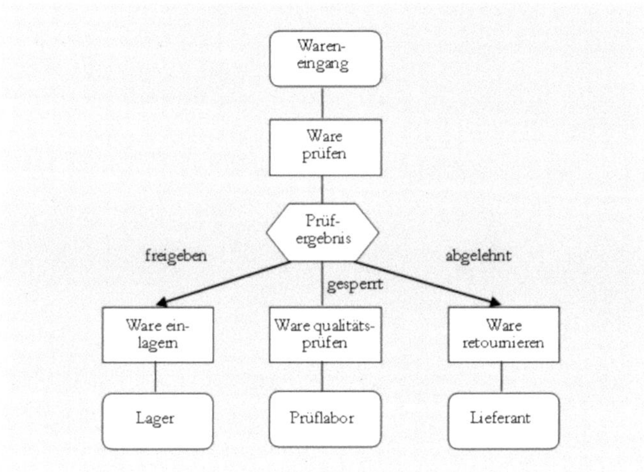

Abb. 22: Arbeitsablaufdiagramm Wareneingangsprüfung

Index